27
Ln. 11886.
A.

NOTICE HISTORIQUE

SUR

M. LEBOUCHER.

ODET-JULIEN LEBOUCHER,

Né à Bourey (Manche) le 14 Juin 1744,
Mort au même lieu le 23 Septembre 1826.

NOTICE HISTORIQUE

SUR

M. LEBOUCHER,

ANCIEN AVOCAT AU PARLEMENT DE PARIS,
CHEVALIER DE LA LÉGION D'HONNEUR,

AUTEUR DE

L'HISTOIRE DE L'INDÉPENDANCE
DES ÉTATS-UNIS D'AMÉRIQUE.

PARIS,
IMPRIMERIE DE LACHEVARDIERE,
RUE DU COLOMBIER, N° 30.
1829.

NOTICE HISTORIQUE
SUR M. LEBOUCHER,

ANCIEN AVOCAT AU PARLEMENT DE PARIS,
CHEVALIER DE LA LÉGION D'HONNEUR.

L'intérêt de la société et des lettres demande qu'on ne laisse pas périr la mémoire de ces hommes savans et modestes qui semblent n'avoir pas connu leur propre mérite, et qui ont mis autant de soin à se faire ignorer, que d'autres à se produire au grand jour. Combien de vertus, de talens et de réputations paraissent environnés d'un éclat qui s'affaiblit, et même s'efface devant l'œil qui les examine attentivement! Mais aussi combien de réputations, de talens et de vertus, qui ne répandent qu'une faible lueur, quand on n'y jette qu'un regard superficiel, et qui grandissent à mesure qu'on les considère avec plus de réflexion! Telle est la pensée qui se présente naturellement à notre esprit, lorsque nous nous occupons de l'homme de bien, de l'écrivain estimable, dont nous allons retracer rapidement la vie.

Odet-Julien Leboucher naquit à Bourey, près de Coutances, le 14 juin 1744. Il était encore au berceau quand il perdit son père, ancien directeur des postes. Il ne tarda pas à montrer d'heureuses dispositions que sa mère dirigea avec soin. Elle le plaça au collége de Coutances, et eut le bonheur de l'y voir se distinguer par une conduite excellente et de brillans succès.

M. Leboucher, son oncle et son parrain, avocat au Parlement de Paris, premier secrétaire de M. de Vanolle, intendant d'Alsace, l'envoya, très jeune encore, terminer ses études au collége d'Harcourt. Doué des plus précieuses qualités de l'esprit et du cœur, il s'y concilia l'estime et l'amitié de ses maîtres et de ses condisciples, et l'affection particulière de l'homme vertueux et éclairé [1] qui alors dirigeait cet établissement. Toujours il se plut à faire l'éloge de ceux dont il avait reçu des leçons. Il conservait d'eux ce souvenir reconnaissant qui honore à la fois le maître et l'élève.

A l'âge où tant d'autres s'abandonnent à la dissipation et au plaisir, l'étude fut la seule passion de M. Leboucher. Il embrassa avec une égale ardeur les sciences et les lettres, et se livra à l'étude des lois avec cette application forte et réfléchie qui présidait à toutes ses actions. Aussi avait-il acquis de bonne heure des connaissances variées et profondes.

Il portait dans la société cette complaisance qui rend aimable, ce respect de soi-même et des autres qui commande l'estime. Sa physionomie était expressive, et son maintien plein de dignité.

[1] M. Asselin, docteur en Sorbonne, né à Vire en 1682, mort à Issy en 1767.

Dans son caractère s'alliaient la bonté, la douceur et la fermeté. Il se faisait remarquer par l'élévation et l'étendue de ses idées, la solidité de son jugement, et la pureté de son goût. A une imagination vive, il joignait une mémoire riche et une élocution facile. Sa conversation était quelquefois éloquente, souvent instructive, et toujours intéressante. C'était surtout dans les entretiens où règne l'abandon de la confiance et de l'intimité, que l'on appréciait ses nobles pensées et les sentimens généreux qui l'animaient.

M. Bertin, qui estimait beaucoup M. Leboucher, s'empressa de l'appeler auprès de lui, dès qu'il se vit nommé contrôleur-général. M. Leboucher travailla sous ses ordres avec autant de zèle que de talent. Étranger à l'ambition, il ne voulut retirer aucun avantage personnel de l'amitié que lui portait ce ministre.

Il avait fait une étude sérieuse de tout ce qui concerne la marine. Lié avec un grand nombre d'officiers distingués de nos armées navales [1], il leur fournit souvent des vues sages et utiles.

Il suivit avec le plus vif intérêt tous les évènemens de cette guerre mémorable, où la marine française lutta si glorieusement contre la marine anglaise et décida l'indépendance des États-Unis. Ami des braves et habiles marins qui avaient si bien soutenu et rehaussé l'honneur du pavillon français, il entreprit d'écrire l'histoire de cette guerre où ils s'étaient signalés.

Cette histoire, qu'il publia sous le titre d'*Histoire de la dernière guerre entre la Grande-Bretagne, les États-Unis d'Amérique, la France, l'Espagne et la Hollande*, prouve qu'il possédait une grande connaissance des hommes et des choses. Aussi fut-elle accueillie de la manière la plus favorable par tout ce que notre marine

---

[1] De Sartine, de Grasse, Pontevès Gien, de La Touche, de Chabert, de Verdun, Dumaitz-de-Goimpy, du Pavillon, de Coëfier, de Borda, etc., etc.

avait alors d'officiers expérimentés. Ils y trouvaient une science rare de la tactique navale, une exposition fidèle et instructive des évolutions des diverses escadres, une rigoureuse impartialité, une vérité, une exactitude admirable dans le récit des faits et l'assignation des dates. Ces précieuses qualités ne sont pas le seul mérite de cet ouvrage. Il se distingue encore par un style clair et correct, une narration simple, rapide, et parfois animée.

En livrant au public cet utile ouvrage, M. Leboucher voulut taire son nom; et malgré les instances de M. le maréchal de Castries, qui l'aimait et le protégeait, il refusa de présenter lui-même son livre à Louis XVI. Cependant M. le maréchal en mit un exemplaire sous les yeux de Sa Majesté. Cet excellent prince lut cette histoire avec plaisir, et, pour témoigner sa satisfaction à l'auteur, il lui fit don d'une magnifique collection d'Atlas et de Voyages marqués de ses armes. Durant la révolution, M. Leboucher les conserva au péril de sa vie.

Sous le voile de l'anonyme, l'auteur jouissait des éloges que faisaient de son histoire les hommes les plus capables de l'apprécier. Il serait trop long de rapporter ici les jugemens de plusieurs officiers instruits, et du *Journal de Paris*. Nous nous bornerons à citer une lettre de M. d'Hector, commandant la marine à Brest, au chevalier de Marigny [1].

« Il n'est pas possible d'être plus satisfait que
» je le suis de tout ce que j'ai lu. J'ai enfin trouvé
» un esprit impartial sur le compte de la marine.
» J'ai vu dans cet ouvrage un chef-d'œuvre d'exac-
» titude, une vérité constante dans tous les faits.

---

[1] Le chevalier de Marigny était un brave et excellent officier qui, en 1779, avec les deux frégates *la Junon* et *la Gentille*, avait forcé de se rendre, après un combat opiniâtre, le vaisseau anglais *l'Ardent*, de soixante-quatre canons.

» Il règne une netteté parfaite dans tous les ta-
» bleaux, une connaissance surprenante de tout
» ce qui s'est passé jusque dans les cabinets des
» cours; enfin une prudence rare et bien loua-
» ble, en laissant au lecteur, après lui avoir tra-
» cé avec habileté les actions, la liberté entière
» des réflexions [1]. »

Voici comment s'exprimait sur cet ouvrage le censeur Mentelle, qui l'approuva.

« J'en regarde la publication comme pouvant
» être infiniment utile pour conserver dans toute
» leur intégrité des faits précieux à l'histoire, et
» comme devant servir de modèle aux ouvrages
» de ce genre, par la manière dont les faits sont
» exposés et le soin qu'a eu l'auteur d'en admi-
» nistrer toutes les preuves. »

---

[1] M. le comte d'Hector, lieutenant-général des armées navales, mort en Angleterre pendant la révolution. Sa conduite noble et généreuse lui avait mérité le respect et l'attachement de tout le corps de la marine.

La fortune de M. Leboucher, sans être considérable, suffisait à ses besoins et à ses désirs, et lui permettait de renoncer aux places et aux dignités pour jouir d'une position indépendante ; mais la révolution devait bientôt troubler la vie modeste et studieuse dans laquelle il aimait à se renfermer.

Comme tant d'hommes sages et véritablement amis de leur pays, il avait désiré que des mains prudentes et fortes fissent disparaître quelques abus, et que, suivant les progrès de la civilisation et les besoins du siècle, elles portassent dans les lois et le gouvernement une réforme devenue nécessaire. Mais bientôt la fermentation des esprits, qui allait toujours croissant, les passions qui se déchaînaient, lui firent comprendre qu'une trop grande précipitation et un amour aveugle d'innovations allaient tout bouleverser et tout confondre. Afin de se mettre plus à l'abri des tempêtes qu'il prévoyait, il se retira dans sa maison de campagne auprès de Coutances.

Le calme qu'il y trouva ne fut pas de longue durée. Vertueux, ennemi des factions, renommé par ses connaissances, il ne pouvait traverser la révolution sans être atteint par quelques uns de ses mouvemens. Élu président de son canton, il se montra le défenseur courageux des gens de bien, et lutta avec force contre cette intolérance philosophique qui, sous prétexte de détruire l'intolérance religieuse, tourmentait les consciences, exilait et emprisonnait au nom de liberté, dépouillait au nom de l'égalité, égorgeait au nom de l'humanité. Plein d'admiration pour le courage de ces ministres de la religion qui aimaient mieux fuir leur patrie ou périr sur l'échafaud, que d'obéir aux hommes en violant les sermens faits à Dieu, plus d'une fois il leur donna asile et leur procura les moyens d'échapper aux bourreaux ; en un mot, il fut toujours le protecteur de l'innocence et de l'infortune. Dans ces temps de délire, une telle conduite ne devait pas rester impunie. Sa maison fut pillée, et on le jeta dans les prisons. Il y conserva cette gaieté aimable et spirituelle qui le caractérisait. Cependant il s'attendait à être, au premier moment, traduit devant le tribunal révolutionnaire, et par conséquent condamné à mort. Mais Robespierre tomba, et M. Leboucher eut le bonheur, après huit mois de détention, d'être rendu à la liberté.

Destitué après le 18 fructidor, il courut encore les plus grands dangers. Enfin des jours moins tristes se levèrent pour la France. M. Leboucher continua de vivre dans sa retraite, et de s'y livrer à ses occupations favorites. La société de quelques amis, la tendresse de la digne épouse à laquelle il venait d'unir son sort, plus tard les espérances que lui faisaient concevoir ses enfans, et les soins qu'il donnait à leur éducation, lui procurèrent des jouissances douces et pures; ses jours s'écoulaient paisibles et heureux. Il avait été élu de nouveau président de son canton, et fut, en cette qualité, appelé à Paris en 1804, pour assister au couronnement de l'empereur. Alors il revit plusieurs de ses anciens amis. Un d'eux, M. de Fleurieu[1], avait, à son insu, présenté au grand conseil de la légion d'honneur un exemplaire de l'Histoire de la guerre de l'indépendance des États-Unis. Un rapport de M. le comte de Lacépède avait appelé sur cet ouvrage l'attention du chef du gouvernement; M. Leboucher fut créé chevalier de la Légion d'Honneur. La lettre suivante prouve qu'il était loin d'avoir recherché cette distinction.

[1] Le comte de Fleurieu fut nommé, en 1776, directeur des ports et arsenaux. Il rédigea presque tous les plans des opérations navales de la guerre de 1777. Savant marin, excellent administrateur, il rendit de grands services à la patrie.

Le Grand-Chancelier,

» *A M. de Fleurieu, Conseiller d'État, Président*
» *de la section de la marine, et grand-officier*
» *de la Légion d'Honneur.*

» Monsieur le Conseiller d'État et cher confrère,

» La lettre par laquelle j'annonçais à M. Le-
» boucher, auteur de l'Histoire de la dernière
» guerre maritime de 1777, que l'empereur, en
» grand conseil, l'avait nommé membre de la Lé-
» gion d'Honneur, est revenue à la grande chan-
» cellerie, après avoir parcouru tous les lieux
» où l'on croyait qu'il pouvait être. Comme vous
» connaissez particulièrement cet historien re-
» commandable, j'ai l'honneur de vous adresser
» cette lettre, et je vous prie de vouloir bien la
» lui faire parvenir.

» J'ai l'honneur, etc. »

Pendant son séjour à Paris, M. Leboucher

reçut cette décoration des mains du grand-chancelier.

A cette époque, son âge, ses talens, ses connaissances, le crédit dont jouissaient plusieurs de ses amis, lui ouvraient de nouveau le chemin de la fortune et des honneurs ; il refusa tout, comme il avait, quelques années auparavant, refusé les offres du ministre de la marine, Pléville Le-Pelley, son compatriote et son intime ami [1]. « Rendu à la chaumière et aux champs » paternels, j'y goûte, disait-il, les douceurs du » repos et de la solitude; je ne les quitterai pas » pour m'aventurer dans la carrière périlleuse » des affaires. »

Il revint donc dans cette solitude qui avait tant de charmes pour lui; il accepta les fonctions de maire de sa commune, et il les remplit tou-

[1] M. Hennequin a donné, dans la *Biographie universelle*, un article plein d'intérêt sur cet homme, non moins recommandable par ses vertus que par ses talens.

jours avec zèle et activité. Telle était la confiance qu'inspiraient sa droiture et ses lumières, que ses administrés, et même les habitans des communes voisines, s'empressaient de le prendre pour arbitre quand il s'élevait parmi eux quelques contestations; ses décisions furent presque toujours reçues sans appel. Heureuses les campagnes où se trouvent des hommes qui exercent cette paternelle magistrature! Honneur aux hommes, qui font un si noble usage de l'ascendant qu'ils tiennent de leur mérite et de leurs vertus!

La conduite de M. Leboucher ne démentit jamais ses principes; aussi vertueux qu'instruit, il admira toujours les grandes et consolantes vérités de la religion : ainsi qu'un philosophe, dont il était loin de partager toutes les opinions, il pensait qu'il y a un certain nombre de choses assurées qu'il faut croire, quelques choses probables que l'on peut discuter; et beaucoup de choses convenues que le sage doit respecter.

Pendant un assez grand nombre d'années, M. Leboucher fréquenta les savans et les littérateurs de son temps ; admis dans la société de plusieurs hommes célèbres, il rendait justice à leurs talens, il louait ce qu'ils ont dit de vrai et d'utile, mais il déplorait l'abus que trop souvent ils ont fait de leur génie.

On aimait dans M. Leboucher sa tolérance pour les opinions, les systèmes et les erreurs qui divisent les hommes ; mais jamais il ne montra d'indulgence pour le vice et le crime. Les mauvaises actions soulevaient dans son cœur généreux une indignation qu'il ne pouvait contenir. Les forfaits qui ont souillé la fin du XVIIIe siècle, avaient surtout laissé en lui une impression profonde : malgré la vieillesse et les infirmités, alors qu'on rappelait ces temps de sanglante mémoire, ses facultés se réveillaient, et il retrouvait des paroles énergiques pour flétrir les hommes qui avaient déshonoré la France.

Toujours il conserva un souvenir plein de reconnaissance de l'infortuné Louis XVI : il aimait à raconter la vie de ce monarque, si digne d'un meilleur sort, à parler de son auguste famille, à la faire connaître à la génération qui s'élevait; aussi salua-t-il le retour des Bourbons avec une joie inexprimable : ils ramenaient la vraie liberté, la paix et le bonheur, et sa vieillesse en était consolée.

Sincèrement attaché aux institutions politiques que nous devons à la sagesse de Louis XVIII, il ne pouvait, disait-il, adopter les opinions de ces hommes estimables qui, emportés par leurs souvenirs et leurs affections, fuient un présent plein de vie et d'espérances, et travaillent péniblement à remonter le cours des temps, pour chercher et ramener un passé que toutes les puissances humaines essaieraient vainement de ressusciter. Il improuvait plus fortement encore ceux qui, méconnaissant les bienfaits et la liberté dont nous jouissons, voudraient nous précipiter dans de nouvelles théories, et nous entraîner à travers de nouveaux dangers à la poursuite d'une perfection sociale imaginaire, ou d'une licence de laquelle renaîtrait bientôt la tyrannie. Ainsi il était convaincu qu'une ère nouvelle est ouverte pour la France, et que notre belle patrie trouvera le repos et la tranquillité, si elle ne se laisse pas dominer par des opinions extrêmes.

Pendant les dernières années de sa vie, M. Leboucher, affaibli par l'âge et par des attaques réitérées de paralysie, ne devait qu'à la force de son âme un reste de vigueur. Un malheur domestique aggrava ses maux. Mademoiselle Leboucher venait de s'unir au chevalier Boniface [1],

[1] M. Boniface, capitaine de vaisseau (ancien commandant d'une compagnie des marins de la garde), chevalier des

et tout annonçait que cette union ferait le bonheur d'une fille qui lui était si chère, quand une maladie de quelques jours enleva cet excellent époux.

M. Leboucher survécut peu à son gendre; après avoir langui quelques mois, il mourut en philosophe chrétien, le 23 septembre 1826, à l'âge de quatre-vingt-deux ans, laissant d'éternels regrets à son épouse, à son fils, à sa fille, et à ses nombreux amis.

D***.

ordres de Saint-Louis et de Saint-Ferdinand d'Espagne, officier de la Légion d'Honneur, etc., était l'un des hommes les plus distingués de la marine française. Il avait fait avec gloire les campagnes de Prusse, d'Espagne et de Russie. En 1823, il commandait *l'Isis*, lors de l'attaque *du fort Santi-Petri*. Il fut cité pour sa belle conduite dans cette circonstance.

Voyez l'article qui lui a été consacré dans *la Biographie des Contemporains*.

www.ingramcontent.com/pod-product-compliance
Lightning Source LLC
Chambersburg PA
CBHW060442050426
42451CB00014B/3205